U0193060

尖端科技篇

哇，科学有故事！

通信的故事

［韩］黄根基 / 文　［韩］金伊乔 / 绘　千太阳 / 译

人民东方出版传媒
People's Oriental Publishing & Media
东方出版社
The Oriental Press

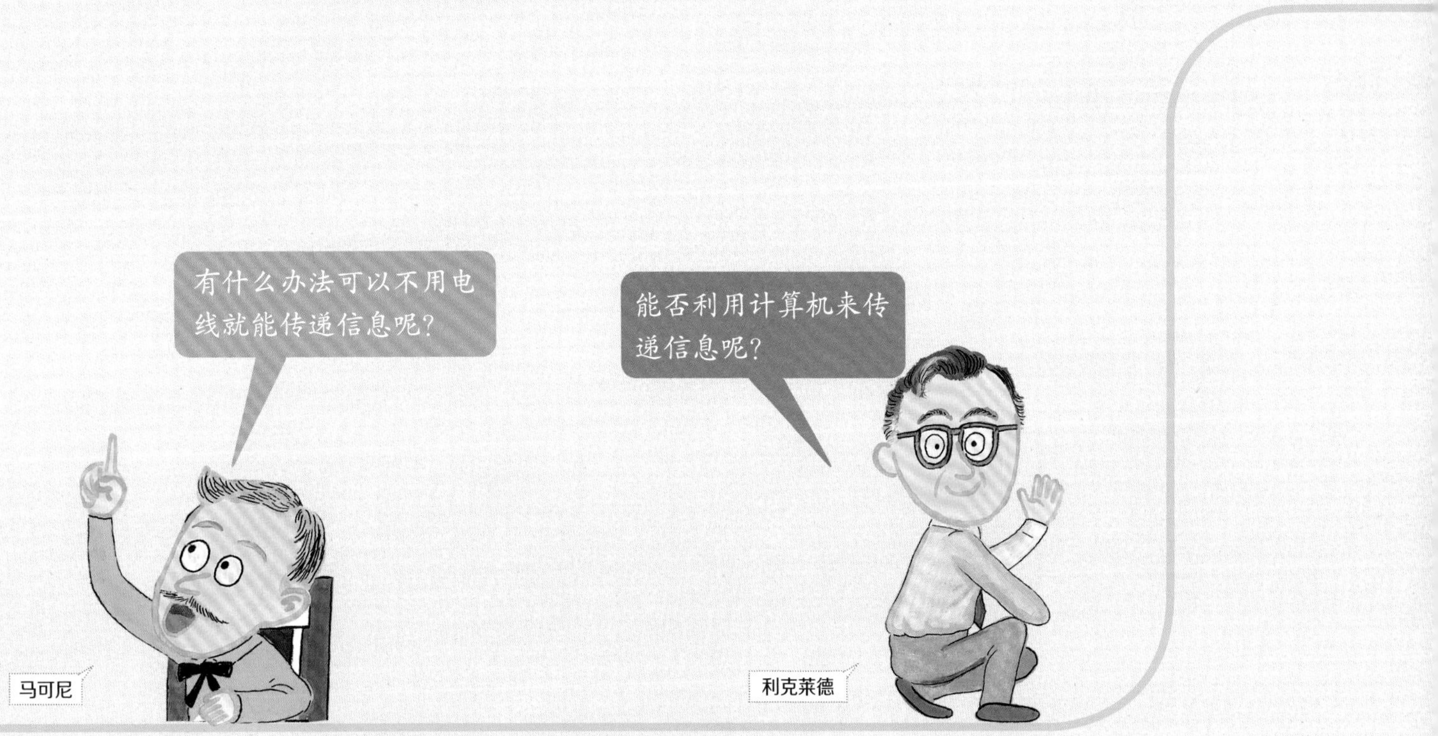
有什么办法可以不用电线就能传递信息呢?
马可尼
能否利用计算机来传递信息呢?
利克莱德

目录

贝尔老师，
**怎样才能将声音传递
到很远的地方呢？**

最早的时候，人们只能亲自跑过去传达想说的话。至于紧急的消息则通过烟雾信号来传递。后来，人们发明了一种划时代的通信工具，那就是可以传递人声的电话。

从很久以前开始，人们一直想要发明出能够传递声音的机器。

"在线的两头绑上话筒，说不定就能传递声音。"

"不行，声音太小了。我们在话筒里贴上振动膜试试，看看能不能将声音放大。"

然而，人们始终没有找到满意的答案。

人们不停地研究，希望能将声音传递到更远的地方。1834 年，在古巴一所剧院担任布景设计师的安东尼奥·梅乌奇就有这种想法。

继续，继续，继续，再往后拉一点儿！

"剧院的面积太大了。我很难将话传递给远处的工作人员听。"

就在这时，梅乌奇突然想到了一个绝妙的主意："啊！我完全可以在我的工作室和工作人员的工作室之间安装一条传声管嘛！"

传声管是一种中空的管子。假如用它将两个相隔很远的地方连起来，人们就能通过管道进行对话了。

传声管的两端有点儿像三角帽，所以即使在远处说话的声音也能听得很清楚。

从这个时候起，许多发明家开始寻找能将声音传得更远的方法。

　　1837 年，美国的发明家查尔斯·佩奇研发出一种能够将声音转换成电流的方法。

　　约 1870 年时，亚历山大·贝尔得知这一消息，然后陷入了沉思："既然电流可以沿着电线传到很远的地方，那么……如果将人声转换成电流，不也可以传到很远的地方吗？"

　　没过多久，贝尔就与精通机器的沃森一起开始研制能够将声音传到远处的机器。

　　不过，这显然并不是一件容易的事情。因为虽然他们知道将声音转换成电流的方法，却不知道如何将电流重新还原成声音。贝尔和沃森经历了无数次失败。

　　直到有一天，贝尔听到振动膜上传来"咚咚"的声响。他猛地站起来，朝着连通电线的沃森的房间跑去。

"老伙计，你快告诉我你刚才在做什么。"

"接收机那边的振动膜好像出了点儿问题，于是我就用手指敲了敲振动膜。怎么？有什么问题吗？"

"当然有问题了。因为我刚刚就听到了你敲击振动膜的声音。老伙计，我现在就拿着发信机喊几嗓子，你要能听到我的声音就告诉我。"

然而，沃森从头到尾只能听到一阵"嗡嗡嗡"的声响。

贝尔和沃森大为失望。

但是他们并没有就此放弃，而是继续研究。

一天，贝尔正在埋头研究，无意中对着发信机嘟囔了几句："沃森！出问题了。你到我的房间来一下！"

其实，贝尔的房间离沃森的房间很远，即使大声呼喊也不一定能听得见。

可是，贝尔小声嘟囔的声音却传到了沃森的耳朵里。

沃森欢呼着跑过来，紧紧地抱住了贝尔。

"贝尔，我们终于成功了！我刚刚清楚地听到了你的声音！"

为什么会发生这样的事情呢？

因为贝尔找到了将电流还原成声音的方法——利用电磁铁。

电磁铁只有在通电的情况下，才具有磁性。它在通电后，产生的磁性会拉扯振动膜；而断电后，失去磁性，会放开振动膜。振动膜的这种振动，会将电流重新还原成声音。

"喂？你好！"

1876 年 6 月，贝尔在费城举办的博览会上展示了自己发明的电话机。

使用过电话的人，无不露出震惊的神色："哇哦，人在远处说话的声音听起来非常清晰！"

贝尔继续展开研究，最终研制出与现在的座机非常相似的电话机。

第二年，连接波士顿市和萨默维尔市的电话线正式接通了。没过多久，波士顿就配备了首台电话交换台，让越来越多的人用上了电话。

就这样，人们长久以来的梦想终于实现了。

随着使用电话的人越来越多，电话彻底改变了人们的生活方式。

"能够及时交换信息，真是太方便了。"

"由于能够直接听到声音，再遥远的距离也不觉得遥远了。"

如今离贝尔发明电话已有140多年的时间，电话早已成为我们生活中不可或缺的必需品。

电话

电话是一种将人声转换为电流信号并传递到远处，然后再将这些电流信号重新转换为声音的通信装备。利用电话跟远处的人对话的行为，我们称为"打电话"。电话的发明对通信的发展起到了极大的推动作用。

 利用振动膜和电磁铁制作电话。

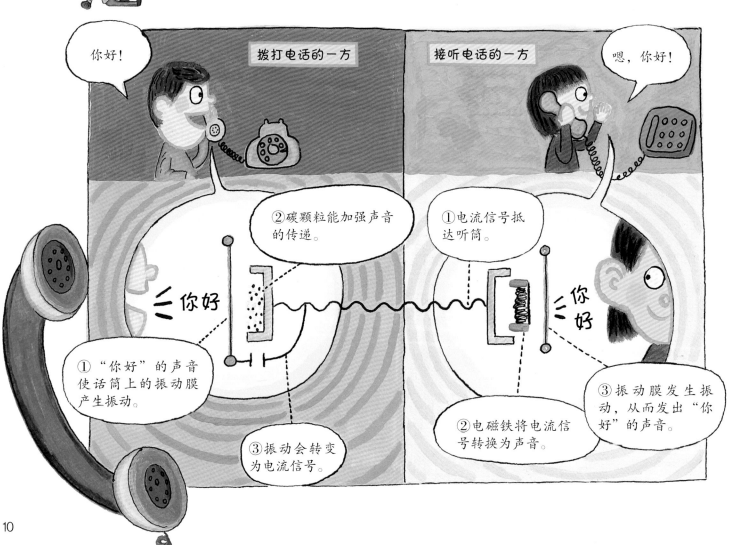

你好！

拨打电话的一方

接听电话的一方

嗯，你好！

②碳颗粒能加强声音的传递。

①电流信号抵达听筒。

你好

你好

①"你好"的声音使话筒上的振动膜产生振动。

③振动会转变为电流信号。

②电磁铁将电流信号转换为声音。

③振动膜发生振动，从而发出"你好"的声音。

电话跟电话会通过通信公司连接在一起。

你好！

拨完电话号码后，电流信号会传递到通信公司，而通信公司会帮忙连接拨打电话的人和接听电话的人。

喂，请问你是谁？

电线

电线

过得还好吧？

基站

电磁波

光缆

即使没有电线，无线电话也能传递声音。

电话局

移动通信公司

基站

电磁波

光缆

嗯，你呢？

如果想要与待在地形险峻地方的人或在海外的人通话，就需要经过通信卫星进行中转。

Hello!

Hi!

最早的电话

　　早在 1877 年，上海就开始架设电话线路了。当时，人们习惯将电话的名字"telephone"称作"德律风"。也有人将电话机称为"传声器"或"语话筒"，意为传递话语的机器。1882 年，大北电报公司在上海外滩设立电话交换所，开通普通电话业务，电话开始正式成为一种大众通信工具。中国第一部电话机出现在 1889 年，是由当时在安徽主管安庆电报业务的彭名保设计制造的。他将电话机取名为"传声器"，通话距离最远可达 150 千米。

　　1896 年，朝鲜王朝的德寿宫中最先安装了电话。最初宫殿里安装电话时，大臣们都反对高宗皇帝使用。因为他们觉得国君的声音在通过电话传递出去时，国君的权威也会跟着丧失。不过，高宗根本不在意这些，反而经常用电话与大臣们进行沟通。不过，朝鲜普通百姓开始使用电话是从 1902 年开始。当初，首次开通电话的是首尔和仁川，而且只有四个地方安装了电话。

　　如今这种任何人都能随时随地打电话的情景，放在以前是想都不敢想的事情。

铃铃

韩国最初引进的挂墙式电话机

马可尼博士，**真的可以通过天线传递消息吗？**

以前，人们根本想象不到不通过电线也能通信。在当时，想要传递消息，就必须铺设电线，将两个地方连接起来。不过，随着电波的发现，人们得知哪怕没有电线，只要用天线接收电波，就能相互传递消息了。

嘟 嘟 嘟 嘟~

1837年，自从美国的发明家塞缪尔·摩尔斯发明电报后，人们开始关注起了新的通信方式。

"朋友，你知道什么是电报吗？"

"我听说是一种能够利用电波将信号传递到很远的地方的技术。"

"那么，你肯定也听说过摩尔斯电码了？"

"听说过。据说可以用'嘟、嗒'这种长信号或点信号来发送消息。"

后来，使用电报的人越来越多，人们甚至开始在地下或海底铺设用来发送电报的电线来传递消息。

意大利发明家伽利尔摩·马可尼也经常使用电报。

在发电报时，他偶尔会想："如果在没有电线的地方也能使用电报，那该多么方便呀！"

直到有一天，马可尼无意问看到一篇缅怀德国物理学家海因里希·赫兹的报道："赫兹是一位毕生研究电磁波的科学家。他通过实验证实了肉眼看不到的电磁波真实存在。我们将这种电磁波称为'赫兹电波'"。

马可尼觉得要是能利用好这种波，即使没有电线，也有可能发送电报。

于是，他决定尝试一遍赫兹做过的实验。

"也就是说，电磁波会像水面上的波纹一样朝四面八方散开？"

想到此处，马可尼的脑海中突然浮现出了一个绝妙的想法："啊，对了！如果有能够接收电磁波的天线，即便没有电线，也一定能接收和传递信号！"

1895 年，马可尼在离家 800 米远的地方设置天线，再朝它发送了电流信号。

"呀呼！信号成功抵达天线！这一次，我要试一下在山的另一边是否也能接收到电磁波。"

几天后，马可尼在山的另一边离家有 2.4 千米远的地方设置天线，成功地发送了电流信号。

1901 年，他又成功地向大西洋对面发送了信号。

他终于研发出了没有电线也能传递信号的无线电报技术。

1909 年，马可尼因发明无线电报技术被授予诺贝尔物理学奖。很多国家还给马可尼颁发了勋章和名誉博士的学位。

然而，普通人并不觉得这项技术有什么了不起。

"马可尼发明的无线电报真的那么有用吗？"

"谁知道呢？反正有线电报也挺方便的。"

当时，也就一些远洋船只会使用无线电报设备。毕竟，人们无法用电线连接在海上航行的船只。

请求

1912 年，从英国开往美国的游轮——泰坦尼克号遭遇了与冰山相撞的事故。

"各位乘客请赶紧前往甲板。游轮很快就要沉没了。"

随着时间的流逝，游轮一点点下沉，而遇险的人们都在冰冷的海水中艰难地等待救援。就在这时，船上的一名技术人员突然想到了无线电报。于是，他立即用无线电报发出了求救信号："我们的船正在沉没。请求救援，请求救援！"

庆幸的是，从泰坦尼克号附近经过的一艘船上的人听到了这个求救信号。

这艘船随后马不停蹄地赶往事故现场，然后营救了700多名在冰冷的海水中垂死挣扎的遇难人员。

这件事情过后，人们的想法渐渐发生了改变。

"居然可以在没有电线的地方传递信息，马可尼发明的无线电报实在是太了不起了。"如今由于有通信卫星，即使相隔再遥远，人们也可以相互通信。

　　但是在当时，能够快速地将消息传到数千千米远的地方绝对是一件不敢想象的事情。

无线电报

如果说电话是一种传递人声的通信方法，那么电报就是一种通过发送事先设定好的信号传递消息的通信方法。无线电报之所以能够在没有电线的情况下发送或接收消息，就是因为它利用了无线电波在空气中能传播很远的特性。

 电报是一种通过发送事先设定好的信号传递消息的通信方法。

22

利用可以在空气中传播很远的电波发送无线电报。

求救信号

突然遭遇危险，需要向他人寻求帮助的情况，我们称为"遇险"。

为了应对这种情况，国际上有约定好的快速求救方法。

飞机遇难时，驾驶员会用无线电话大喊三声"Mayday"。

轮船遇难时，船长会用无线电报发送摩尔斯电码SOS。具体方法为：依次发送三次点信号、三次长信号和三次点信号（··· ——— ···）。如果打电话求救，就可以像飞机遇难时一样大喊三声"Mayday"或"遇难"。收到这种遇难信号时，我们需要中断所有来自其他地方的无线通信，等待来自遇难地点的信息。

如果在山上遇险，我们可以用口哨或手电筒来发送信号。具体方法为：每隔一分钟吹六声短促的哨子或闪烁六次手电筒。这些方法是全世界通用的遇难信号。

当救援直升机到达后，我们应该张开手臂保持"V字形"等待救援，而不是胡乱晃动手臂。只要记住这些有关求救信号的常识，当真正遇险时，我们才能快速地拯救自己，甚至是拯救别人。

向救援直升机发出求救信号的正确方式

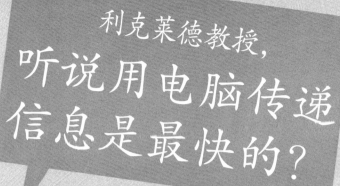

利克莱德教授，听说用电脑传递信息是最快的？

　　飞机和无线电的面世，使人们能轻易地往来于各国间，同时可以随心所欲地传递消息。后来，随着互联网的普及，人们可以通过电脑更快地传递消息或信息。

当电脑第一次在世界上亮相时，人们只当它是一种可以快速地进行一些复杂运算的计算机。

到了 20 世纪 60 年代初，美国麻省理工学院教授约瑟夫·利克莱德提出了不同的看法："电脑并非只是单纯地进行运算的机器。"

有一天，利克莱德的同事泰勒来到了他的研究室。

"你觉得电脑是一种什么样的机器？"

对方仿佛看穿了利克莱德的心思一样询问道。

"我认为电脑可以做很多事情。日后，它的性能得到提升，说不定会具备像人脑一样进行思考的功能。"

"像人脑一样吗？"

"我并不是说电脑能自行思考，而是指人们能够通过电脑来相互交换各自的想法，从而迸发出各种思想的火花。"

利克莱德的这种想法给很多人带来了灵感："电脑能否像利克莱德说的那样，让人们相互之间进行通信呢？"

　　1969 年，美国的四个研究机构和大学共同将彼此的电脑连起来，然后展开了一场发送和接受文字信息的实验。

　　加利福尼亚州立大学向 600 千米外的斯坦福研究所发送了文字信息。斯坦福研究所里的人们屏住呼吸，静静地盯着电脑屏幕。

　　也不知过了多久，一名研究员突然发出了欢呼："呀呼！我们接收到文字信息'登录（log in）'了！"

这就是被称为"阿帕网"的交换网络，是全球互联网的鼻祖。

他们通过阿帕网发送的文字其实是"登录网络"的意思。

实现了通过电脑进行通信后，人们找到利克莱德询问了他对计算机未来的看法。对此，利克莱德回答说："总有一天，地球上的所有人都能随时随地通过电脑收发消息。"

利克莱德的预言没过多久就得到了应验。

1971 年，雷·汤姆林森研发出用电脑收发电子邮件的技术。从那以后，全世界的人都能随时随地通过电子邮件快速地传递信息了。

1989 年，蒂姆·伯纳斯·李开发出万维网。从此，在全球范围内人们不仅可以通过电脑传输文字信息，还可以传输图片、声音、视频等信息。

　　如今，只要有互联网，哪怕没有电话，我们也能在世界各地与他人沟通。而且，我们还可以轻松地交换各种信息。

　　互联网的出现使我们步入信息时代，使用互联网渐渐成为人们日常生活的一部分。

　　而这一切与利克莱德的奇思妙想分不开。

科学知识

互联网

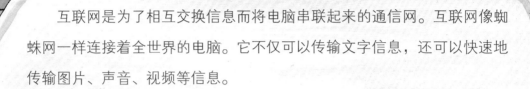

互联网是为了相互交换信息而将电脑串联起来的通信网。互联网像蜘蛛网一样连接着全世界的电脑。它不仅可以传输文字信息，还可以快速地传输图片、声音、视频等信息。

所有电脑中都拥有一个像家庭住址一样的地址。

当我们在网上下载音乐时，音乐文件是如何传输到我的电脑上的呢？

那是因为所有电脑上都有一个叫作IP的地址。

255.255.255.0

它又被称为互联网地址，最多由12个数字组成。

拥有互联网地址的电脑之间可以相互传递信息。

妈呀，吓死我了！

互联网地址也可以用由中文或英文组成的地址来代替。

通过互联网进行合作

　　维基百科是任何人都能参与并上传所知信息的网上百科词典。这是一种可以不断修正原有信息的新型百科词典。维基百科于 2001 年 1 月 15 日在美国推出，然后快速传播到全世界。截至 2015 年 6 月，维基百科已经拥有 288 个不同的语言版本，每月独立用户访问量突破 5 亿人次。

　　像维基百科这种百科词典的形成，离不开互联网的力量。相隔很远的人，能够一边交流意见一边编辑百科词典，这在过去是根本无法想象的事情。

　　就像这样，互联网正在不断改变我们的生活。

　　如今在互联网上，人们不仅可以一起团购商品，还能为病患们展开募捐活动。正是因为有了互联网，我们才能一起做好事，一起协力攻克难关。

通过互联网一起编辑的百科词典

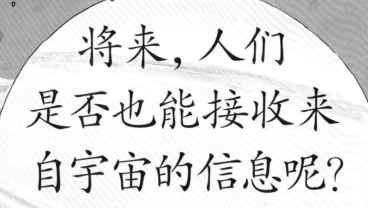

将来，人们是否也能接收来自宇宙的信息呢？

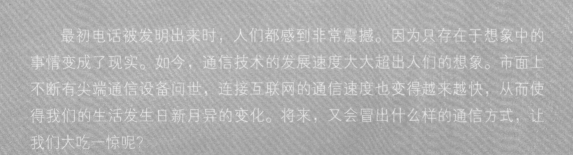

　　最初电话被发明出来时，人们都感到非常震撼。因为只存在于想象中的事情变成了现实。如今，通信技术的发展速度大大超出人们的想象。市面上不断有尖端通信设备问世，连接互联网的通信速度也变得越来越快，从而使得我们的生活发生日新月异的变化。将来，又会冒出什么样的通信方式，让我们大吃一惊呢？

往手机里融合各种功能

只要有一部手机，我们就能打电话、发信息、拍照片、玩游戏、上网。此外，我们还可以将它当作交通卡和信用卡来使用。手机能够拥有如此多的功能，都是应用了数字融合技术的关系。数字融合技术是指在一种机器上融合多种产品的功能或服务的技术。

具备数字融合
技术的手机

人造卫星能快速准确地定位

导航仪是一种帮人们引导路线的仪器，主要用在汽车、飞机、轮船等交通工具上。我们能用导航仪来寻路，都是能根据人造卫星准确定位用户位置的 GPS 系统的功劳。即人造卫星会时刻将用户的位置信息发送给导航仪，而导航仪中的地图程序则会根据这个信息为用户指路。

利用GPS系统的导航仪

机器和机器可以无线连接

在装有无线路由器的方圆 500 米之内，我们都可以进行无线联网。在这个范围内，我们不仅可以使用电脑上网，还可以将手机中的文件发送给附近的打印机进行打印。就像这样，只要利用近距离无线通信技术，哪怕没用网线进行连接，相隔不远的机器之间也能畅通无阻地共享几乎所有的数据。

可以进行短距离无线通信的
无线路由器

在宇宙中传递消息

与人造卫星、宇宙空间站等宇宙飞行器进行通信要比在地球上进行通信困难得多。因为宇宙中会有很多电波杂音妨碍通信。宇宙通信天线是为了与这些宇宙飞行器进行通信而安装的特殊天线。宇宙通信天线的直径至少要超过 9 米才能发挥作用。另外，由于从遥远的宇宙发来的电波信号非常微弱，所以宇宙通信天线通常安装在沙漠或山顶等不受周围电波影响的地区。

接收宇宙信息的宇宙通信天线

图字：01-2019-6048

날개를 단 소식

Copyright © 2015, DAEKYO Co., Ltd.

All Rights Reserved.

This Simplified Chinese edition was published by People's United Publishing Co.,

Ltd. in 2020 by arrangement with DAEKYO Co., Ltd. through Arui Shin Agency &

Qiantaiyang Cultural Development (Beijing) Co., Ltd.

图书在版编目（CIP）数据

通信的故事 /（韩）黄根基文；（韩）金伊乔绘；千太阳译 . —北京：东方出版社，2021.4

（哇，科学有故事！第三辑，日常生活·尖端科技）

ISBN 978-7-5207-1483-9

Ⅰ .①通… Ⅱ .①黄… ②金… ③千… Ⅲ .①通信技术—技术史—世界—青少年读物 Ⅳ .① TN-091

中国版本图书馆 CIP 数据核字（2020）第 038658 号

哇，科学有故事！尖端科技篇·通信的故事

（WA，KEXUE YOU GUSHI! JIANDUAN KEJIPIAN · TONGXIN DE GUSHI）

作　　者：［韩］黄根基 / 文　［韩］金伊乔 / 绘
译　　者：千太阳

策划编辑：鲁艳芳　杨朝霞
责任编辑：杨朝霞　金　琪
出　　版：東方出版社
发　　行：人民东方出版传媒有限公司
地　　址：北京市西城区北三环中路6号
邮　　编：100120
印　　刷：北京彩和坊印刷有限公司
版　　次：2021年4月第1版
印　　次：2021年4月北京第1次印刷
开　　本：820毫米×950毫米　1/12
印　　张：4
字　　数：20千字
书　　号：ISBN 978-7-5207-1483-9
定　　价：218.00元（全9册）
发行电话：（010）85924663　85924644　85924641

✒ 文字 〔韩〕黄根基

　　出生于江原道春川，大学毕业后开始创作童话。一直想要站在孩子们的视角观察世界，并努力将所看到的东西用文字表达出来。主要作品有《朝鲜的儒生精神》等众多儿童图书。其中，《模模糊糊，阿拉丁分不清单位》《我们可以选择和平》《超越天才的思想学校》等图书被韩国文化体育观光部评选为"优秀教养图书"。

🎨 插图 〔韩〕金伊乔

　　毕业于弘益大学纤维美术专业，现在是一名插画师。在策划儿童展览的过程中对童书产生兴趣，从而走上了专职画家之路。最喜欢的事情是创造各种有趣的、生动的故事角色。主要作品有《黄金陀螺》《泡菜特工队》《抓山鬼的学校》《画片，画片，我的画片》《噗噗，屁也是混合物呀》《谁要盖房子》《室外活动安全手册》等。

📖 审订 〔韩〕金忠燮

　　毕业于首尔大学物理学专业，并取得博士学位。现任水原大学物理学专业教授。主要作品有《黑洞真的是黑色的吗？》《通过视频看宇宙的发现》《默冬讲给我们听的日历的故事》《洛什讲给我们听的潮汐的故事》等，主要译作有《天文学常识》《天才们的科学笔记7：天文宇宙科学》等。

哇，科学有故事！（全33册）

扫一扫
看视频，学科学